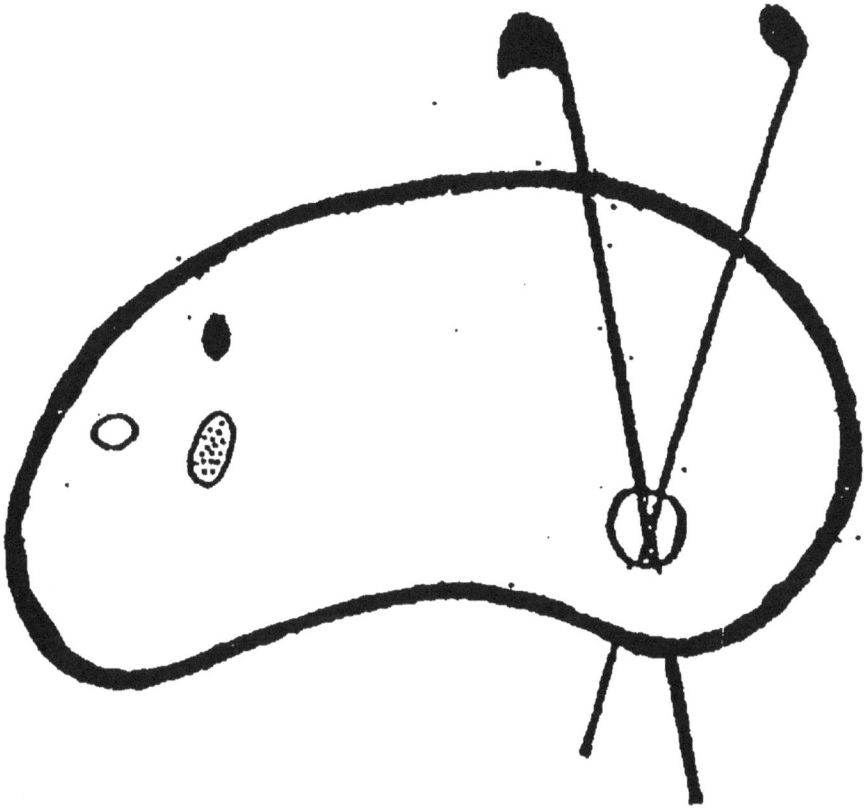

DEBUT D'UNE SERIE DE DOCUMENTS
EN COULEUR

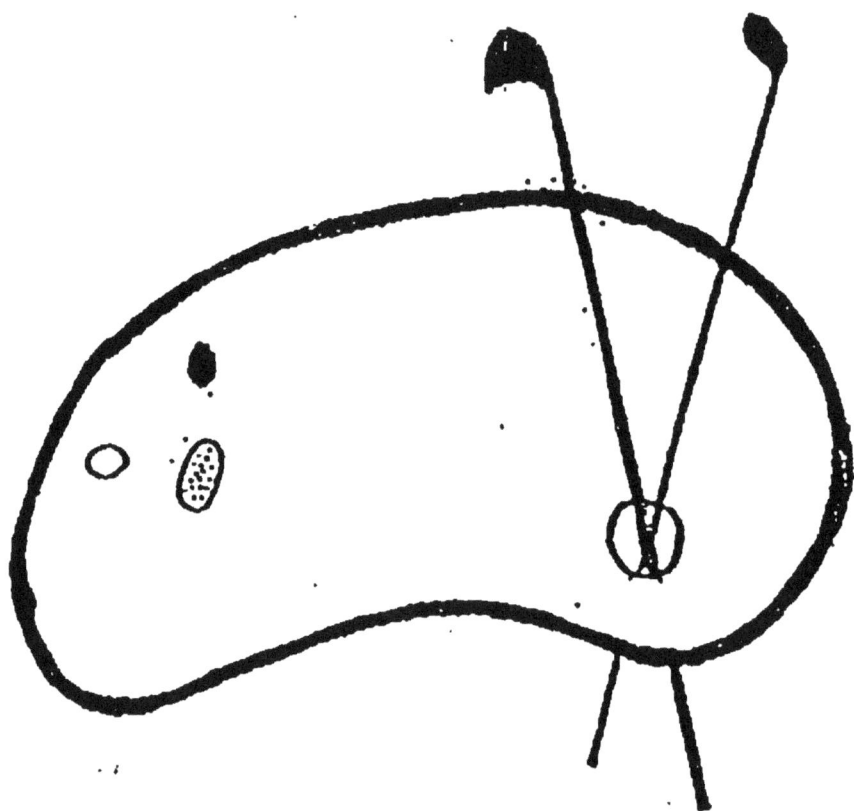

FIN D'UNE SERIE DE DOCUMENTS
EN COULEUR

MERVEILLES DE L'ÉLECTRICITÉ

—

4e SERIE IN-8°.

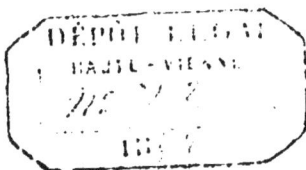

Proprété des Editeur

LA SCIENCE POPULAIRE

LES MERVEILLES

DE L'ÉLECTRICITÉ

PAR

J. S. A. DUCLAU

Membre de l'Université, Officier d'Académie.

LIMOGES

EUGÈNE ARDANT ET Cⁱᵉ, ÉDITEURS,

LES MERVEILLES

L'ELECTRICITÉ

--—◦◦◦◦◦--

La Pile et ses Effets.

Galvani, professeur d'anatomie à Bologne, s'occupait en 1780, de recherches physiologiques sur le système nerveux. Un jour qu'il avait préparé des grenouilles pour exécuter quelques expériences et qu'il les avait, par hasard, suspendues à un balcon de fer, par de petits crochets de cuivre, son attention fut appelée sur une série de phénomènes vraiment extraordinaires : Les membres des grenouilles s'agitaient convulsivement, toutes les fois que ces animaux venaient accidentellement toucher les barres de fer du balcon. — Volta, professeur de physique à Pavie, construisit, pour expliquer les phénomè-

nes observés à Bologne, un appareil composé
de petites rondelles (disques) de cuivre et de zinc
soudés ensemble ; il avait
empilé ces disques les uns
sur les autres en les sépa-
rant par d'autres rondelles
de drap imbibées d'eau aci-
dulée. C'est pourquoi le nom
de pile a été donné à l'instrument et à tous les autres,
de formes très-différentes,
construits dans la suite, et
qui avaient, comme l'appareil de Volta, la propriété
de séparer les deux fluides
électriques contenus dans les corps.

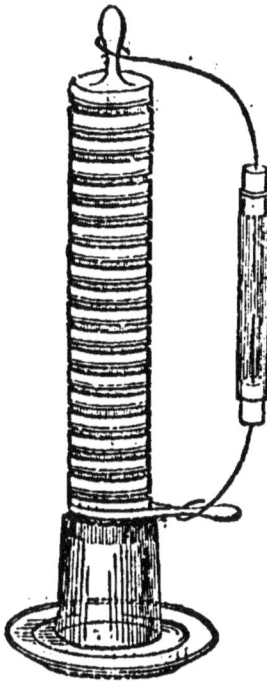

Le fluide positif se dirige dans le sens des
disques de zinc qui se trouvent tous tournés
d'un même côté ; le fluide négatif se porte sur
les disques de cuivre : Voilà pourquoi le pôle
positif correspond au dernier disque de zinc. et
le pôle négatif au dernier disque de cuivre.

Si les deux pôles de la pile sont mis en communication au moyen de fils de métal, il s'éta-

blit aussitôt un courant, une véritable circula-
tion de l'électricité.

On a donné à l'électricité développée par les
piles le nom d'électricité dynamique, c'est-à-
dire d'électricité en mouvement, par opposi-
tion à l'électricité statique, c'est-à-dire en
repos.

C'est à l'électricité dynamique que nous devons la *lumière électrique*, la *galvanoplastie*, le
télégraphe électrique, l'*horlogerie électrique*, le
téléphone, le *microphone*, et une foule d'autres
découvertes merveilleuses.

La Lumière électrique.

C'est aux remarquables travaux d'Humphry
Davy que nous devons la découverte de la lumière électrique ; c'est lui qui, en effet, obtint
le premier un jet lumineux, au moyen d'une
pile puissante, qui ne comptait pas moins de deux
mille couples de Volta.

On put, dès ce moment, observer cette nouvelle et brillante source lumineuse; mais il a fallu
que les piles subissent de grands perfectionne-

ments avant qu'on pût aisément l'étudier et en tirer de nouvelles conséquences.

C'est en 1813 que Davy découvrit la persistance de l'étincelle et qu'il se trouva en possession de

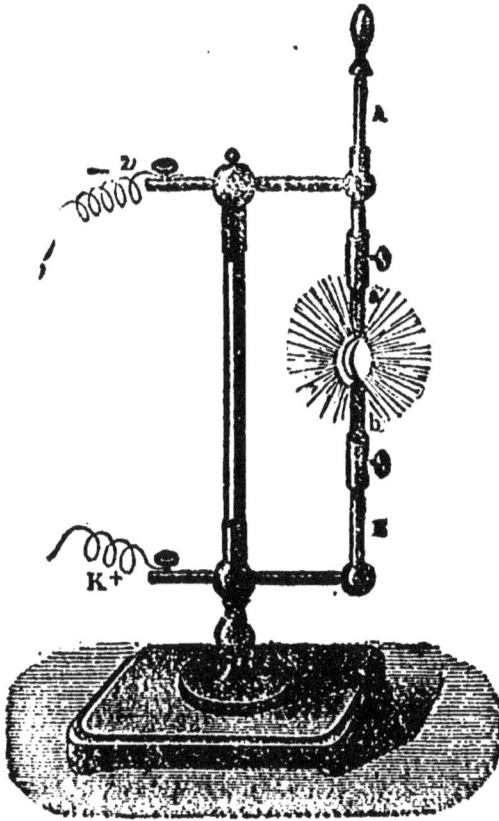

l'arc voltaïque: mais ce n'est qu'à partir de 1832, époque à laquelle les belles découvertes de Faraday conduisirent à l'invention de machines d'induction, propres à produire de l'électricité, que le problème de l'éclairage électrique pût rapidement marcher vers une solution pratique.

Toutes les fois qu'on met en contact les extrémités des deux réophores d'une pile et qu'ensuite on les sépare, on voit jaillir entre les deux pointes une série d'étincelles très-vives et très-brillantes. Le phénomène se reproduit chaque fois que le contact est rétabli et rompu de nouveau.

Si l'on écarte lentement les deux pointes l'une de l'autre, on obtient, tant qu'elles restent assez rapprochées, des étincelles qui se succèdent avec une rapidité prodigieuse; et, si on les maintient à une distance convenable, les étincelles paraissent se confondre et donner lieu à une lumière persistante. Pour l'obtenir dans tout son éclat, on termine les fils qui forment le circuit par deux crayons ou baguettes de charbon de cornues à gaz. Ces crayons sont taillés en pointe. Lorsqu'on les met en contact, lorsqu'ils se touchent, le circuit est continu et il ne se produit pas de lumière; mais, dès qu'on les sépare, l'étincelle jaillit avec un éclat éblouissant. La lumière n'est pas rectiligne; elle affecte la forme d'un arc, d'une courbure assez prononcée, comme l'étincelle produite par les machines électriques ; c'est cette courbure qui a été nommée *arc voltaïque.*

Son éclat est supérieur à tout ce qu'on peut imaginer : huile épurée, bougie, gaz d'éclairage pâlissent devant elle ; il n'y a que la lumière du soleil qui puisse lui être comparée.

On peut, au moyen de réflecteurs, la transmettre à de très-grandes distances : aussi on l'emploie fréquemment pour les grands travaux de nuit; on l'utilise aussi pour l'éclairage des phares.

La lumière électrique peut se produire même dans l'eau. On peut le prouver par l'expérience suivante :

Prenons un ballon de verre de forme ovoïde et muni de trois tubulures, l'une à l'extrémité supérieure et les deux autres sur les côtés. On fait passer par les tubulures des côtés les réophores d'une pile traversant un bouchon dans lequel ils glissent à frottement. L'ouverture supérieure n'a d'autre usage que de servir à l'introduction de l'eau dans l'appareil. Lorsque les réophores, préalablement munis de pointes de charbon qui baignent dans l'eau, sont mis en contact, puis éloignés à une distance convenable, l'étincelle jaillit entre les deux pointes avec un éclat aussi vif que si les charbons étaient dans l'air.

Si, à l'aide d'un verre bleu foncé (pour ne pas être aveuglé par la lumière) nous examinons l'arc voltaïque, nous verrons comment il est produit.

Au commencement, les charbons sont taillés en pointe; les étincelles sont faibles et peu pressées; mais, durant la production du phénomène, les charbons subissent une prompte altération; ils s'échauffent, deviennent rouges et la lumière est éclatante.

Peu à peu la distance qui les sépare se trouve augmentée; une quantité de particules incandescentes se transportent d'un charbon sur l'autre; l'un se creuse et s'évide, l'autre s'élève et augmente. Ces particules vont d'un pôle à l'autre et leur mouvement est signalé par un redoublement d'éclat de l'arc voltaïque. Le pôle qui se ronge est toujours le pôle positif; le pôle qui s'accroît est le pôle négatif. Il en est dans le phénomène de la lumière électrique comme dans celui du galvanisme : Le pôle positif refoule la substance que le pôle négatif semble aspirer.

Il arrive un moment où l'espace qui sépare les deux pointes ne peut plus être traversé par le courant ; et cette flamme si vive, si éblouissante disparaît, s'éteint avec un petit crépitement.

Ce grave inconvénient eût empêché l'emploi de la lumière électrique, si l'on n'avait trouvé le moyen de maintenir, automatiquement les charbons à une distance invariable. On y est parvenu au moyen de régulateurs, appareils fort ingénieux qui portent les charbons et en règlent la distance d'eux-mêmes et à chaque instant, par l'électricité.

Pour se servir de la lumière dans des circonstances toujours semblables, on emploie, au lieu de piles, une machine électro-magnétique qui produit des courants très-puissants ; cette transformation de la force mécanique en électricité est aussi ingénieuse que relativement éco-o-mique.

En tournant une roue plus ou moins vite, on détermine, dans une bobine, une série de courants induits. Entre des groupes d'aimants passent des bobines formées d'un double fer doux,

entouré de fils de cuivre recouverts de soie :
C'est sur ce principe que sont construites les machines servant à la production de l'électricité et
par suite de la lumière électrique.

La plupart des difficultés qui s'opposaient à
la vulgarisation de l'emploi de cette admirable
lumière, paraissent avoir été vaincues : Les appareils ont été perfectionnés ; l'intensité lumineuse, la manière de disperser les rayons ne font
plus défaut. Deux des principaux obstacles : la
possibilité de diviser les sources lumineuses, et
celle de maintenir les charbons à une distance
constante, ont également été surmontés.

Au lieu de mettre les charbons bout à bout,
M. Jablochkoff a imaginé une disposition qui
consiste à les placer parallèlement et à les
maintenir à l'aide d'une espèce de pâte de kaolin, pour en former une sorte de bougie.

Voici comment s'exprimait l'*Ingénieur universel*, à propos de l'invention de M. Jablochkoff.

« L'arc voltaïque, qui jaillit entre les deux
charbons, étant la flamme qui produit la lumière, communique forcément à cette dernière
les frottements qu'il subit lui-même à chaque

instant, par suite de l'impossibilité absolue où l'on se trouve de maintenir, entre les charbons, un écartement mathématiquement régulier et continu.

» C'est principalement à cette imperfection, à cette instabilité de leur lumière, que les régulateurs ont dû leur insuccès, insuccès auquel sont fatalement condamnés tous les mécanismes, si ingénieux et si complets qu'ils soient, par cela même qu'ils sont des mécanismes.

» Frappé de ces inconvénients, M. Jablochkoff pensa que le seul perfectionnement possible des régulateurs était leur suppression. Il fallait maintenir l'écartement des charbons; le problème semblant impossible à résoudre par superposition, il imagina de mettre ses baguettes côte à côte et verticalement.....

» La bougie électrique est placée dans un chandelier de laboratoire. Elle se compose de deux baguettes cylindriques de charbon, juxtaposées et séparées par une lame de matière isolante.....

» Les deux extrémités supérieures des charbons sont noyées dans une pâte de graphite qui sert d'amorce.

» Cette amorce permet d'obtenir l'allumage instantané non-seulement d'une bougie, mais encore, et simultanément, de toutes celles qui se trouvent sur un même circuit électrique.....

» Enfin, ajoutons que la bougie électrique a permis de résoudre, dans une certaine mesure, le grand problème de la divisibilité de la lumière. »

Tout le monde a pu voir, depuis la fin de l'année 1877, l'avenue de l'Opéra et la place du Théâtre Français, à Paris, éclairées par les bougies Jablochkoff.

Mais, le prix de cette lumière demeure trop élevé, et pour qu'elle prenne définitivement sa place dans l'éclairage public, il faut qu'elle subisse encore de notables perfectionnements.

Un nouveau mode d'éclairage électrique, dû à M. Richard Werdermann, vient d'être expérimenté à Paris; et il semble qu'on est arrivé, cette fois, à la division de la lumière, et par conséquent à la possibilité de régler l'intensité de chaque foyer lumineux.

La production exigerait aussi la mise en œuvre d'une force motrice moins grande, et il en résulterait une diminution de prix considérable.

Ainsi, on pourrait mettre 100 lumières, équivalant chacune à 4 becs de gaz, à la place de 16 bougies Jablochkoff, moyennant une dépense égale.

Et maintenant, si nous jetons un coup d'œil en arrière, nous verrons quels progrès la science a réalisés depuis la torche primitive de nos ancêtres, en passant par les lampes fumeuses, les chandelles, les bougies et le gaz qui aujourd'hui supprime l'obscurité de la nuit dans la moindre de nos villes.

La Galvanoplastie.

La Galvanoplastie est l'art merveilleux qui permet d'obtenir, sans difficultés et presque sans travail, des reproductions métalliques exactes de sculpture, bas-reliefs, objets d'art, planches gravées, clichés typographiques, etc...

Elle doit son origine à l'étude chimique de la pile de Volta et consiste à précipiter, par l'action d'un courant galvanique, un métal en dissolution dans un liquide sur un objet conducteur, ou rendu conducteur de l'électricité.

Aussitôt que l'expérience eut enseigné que les courants électriques ont la propriété de décomposer les sels et d'en précipiter le métal, on songea à utiliser ce fait pour obtenir des dépôts métalliques. Un élève de Volta, Brugnatelli, physicien de Padoue, a, dès 1807, fait connaître le moyen d'obtenir, par l'action de la pile, des dépôts d'or et d'argent. Mais la galvanoplastie n'a réellement été créée qu'en 1837, par un physicien russe, M. de Jacobi. Le 17 octobre 1838, ce savant annonçait à l'Académie de Saint-Pétersbourg, qu'il était parvenu à obtenir des planches en cuivre offrant l'empreinte exacte du dessin gravé en creux sur l'original.

Disons tout de suite que toutes les applications galvanoplastiques reposent sur le principe suivant :

Lorsqu'un courant électrique traverse une dissolution saline, l'oxygène de l'eau et l'acide du sel en dissolution se rendent au pôle positif de la pile, tandis que l'hydrogène de l'eau et la base du sel se portent au pôle négatif. Si la base est facilement réductible par l'hydrogène, son métal se dépose seul au pôle négatif en même temps qu'il se régénère de l'eau.

La galvanoplastic est certainement une des applications les plus utiles qui aient été faites de la chimie aux opérations des arts.

M. Silbermann, physicien français, avait devancé Jacobi, et Spencer, en Angleterre, faisait à la même époque, la même découverte.

M. de la Rive, de Genève, avait, vers 1830, en étudiant la pile, reconnu sur le dépôt métallique toutes les éraillures de la plaque sur laquelle il opérait ; il recommença, plus tard, ses essais et parvint à déposer également l'or et l'argent. Il fit connaître, en 1840, le résultat de ses travaux, mais son procédé, de même que ceux des autres savants, n'était pas praticable par l'industrie.

Ce fut M. Elkington qui trouva ces procédés véritablement pratiques qui sont encore aujourd'hui en usage ; il en transmit la propriété en France à M. Christofle, dont la maison a acquis une célébrité que tout le monde connaît. — Le procédé de M. Elkington s'appliquait à la dorure ; M. de Ruolz inventa un système analogue d'argenture, et comme son émule transmit la possession de son brevet à M. Christofle. Aujourd'hui, la plupart des brevets, se rapportant à la galvanoplastie, sont tombés dans le domaine public.

Pour obtenir un dépôt métallique d'une certaine épaisseur, bien cohérent et susceptible de se détacher du corps qui lui a servi de moule, il faut employer un courant électrique d'une faible intensité, mais d'une force constante; il est également nécessaire que la dissolution saline soit toujours saturée, pour que son pouvoir conducteur soit invariable et qu'il s'écoule constamment la même quantité de fluide électrique. Il est assez facile de remplir la première condition en se servant d'appareils électromoteurs constants et d'une intensité convenable; quant à la seconde, elle s'obtient en mettant dans la dissolution des cristaux du sel qui la sature, ou mieux encore, en prenant pour électrode positif une plaque du même métal qui se dépose au pôle négatif. Dans ce dernier cas, cet électrode est décomposé par l'oxygène de l'eau, et l'oxyde formé se combine avec l'acide du sel mis en liberté pour régénérer ainsi le sel décomposé. — On a donné à la plaque dont nous parlons le nom d'électrode soluble.

On emploie différents appareils pour les opéra-

tions galvanoplastiques : Le plus simple consiste en un couple de Daniell, dans lequel l'objet
qu'on se propose de recouvrir prend la place et
joue le rôle d'électrode négatif.

Quelquefois, le courant d'une pile de Junsen
ordinaire est amené, au moyen de fils, à des
tringles en métal suspendues au-dessus d'une
cuve qui contient le bain.

Les pièces sont attachées à la tringle négative
par des crochets métalliques, et elles plongent entièrement dans le bain. A l'autre tringle est attachée une feuille du même métal qui doit être
fixé sur les pièces.

Le courant électrique produit dans la pile se
rend aux tringles ; de là, il descend par les crochets et les pièces dans le liquide à travers lequel il passe. Le circuit, est de la sorte, complet, et l'électricité peut aller d'un pôle à l'autre.

Pendant le passage du courant, le métal se
transporte parcelle par parcelle, atome par
atome, sur les objets disposés au pôle négatif.

La première opération, quand on veut obtenir la reproduction d'un objet, consiste à en fabriquer un moule, soit de métal, soit de quelque
autre substance non métallique,

Les moules de métal s'obtiennent quelquefois
en déposant du cuivre sur l'objet lui-même; on
obtient ainsi une contre épreuve sur laquelle on
détermine la précipitation d'une nouvelle couche
métallique qui donne une copie de l'objet. On
fait aussi des moules de plomb. Lorsque l'objet
est dur et résistant, comme une médaille, on en
prend l'empreinte en opérant une forte pression
sur du plomb bien décapé; mais si l'objet est
incapable de supporter la pression, on coule le
métal ou l'alliage sur une surface horizontale,
et on appuie, sur la surface encore pâteuse, l'objet à mouler.

Quant aux moules non métalliques, on les
fait de soufre, de stéarine, de plâtre rendu im-
perméable par son immersion dans la cire fon-
due. Mais la substance presque exclusivement
employée aujourd'hui est la gutta-percha.

Elle convient plus particulièrement pour les
objets en ronde bosse à cause de sa flexibilité
qui lui permet de pénétrer dans tous les enfon-
cements du modèle. Pour s'en servir, on la ra-
mollit en la plongeant quelques instants dans
l'eau chaude, puis on l'applique sur l'objet en
exerçant une forte pression, jusqu'au moment

où elle a repris la température du milieu dans
lequel on opère. — Mais cette substance ne
conduit pas l'électricité et ne livrerait pas passage au courant de la pile destiné à décomposer
le sulfate de cuivre : il importe donc de rendre
sa surface intérieure conductrice, ce qui s'obtient en recouvrant l'intérieur du moule, à l'aide
d'un pinceau, d'une légère couche de plombagine ou graphite qui est un excellent conducteur
de l'électricité. — On opère de la même façon
pour toutes les autres matières qui ne sont pas
conductrices.

Pour éviter l'adhérence sur les moules métalliques, on en graisse très-légèrement la surface
ou on les saupoudre de plombagine réduite en
poussière impalpable, ou encore on les expose à
la fumée d'une substance résineuse qui les recouvre d'une couche imperceptible ; c'est ce
qu'on appelle, voiler le moule.

Lorsque ces opérations préliminaires ont été
exécutées, les moules sont prêts à recevoir le
dépôt galvanique : On fait communiquer différents points de leur surface avec le fil qui forme
l'électrode négatif de la pile, et on les plonge
dans la solution saline, en les rapprochant le
plus possible de l'électrode soluble.

Quand les pièces à obtenir ont des dimensions trop considérables, on les obtient par portions distinctes qui sont ensuite soudées ensemble.

La galvanotypie ou électrotypie est une oranche de la galvanoplastie qui a pour objet la reproduction des planches gravées, des clichés, des caractères d'imprimerie. Jacobi prenait l'empreinte d'une planche gravée, et sur cette empreinte, il déposait une couche de cuivre reproduisant une copie fidèle du modèle. — Les clichés, les caractères d'imprimerie pourraient être facilement copiés par le même procédé; mais, l'industrie possède des moyens plus économiques auxquels elle donne la préférence.

La galvanographie consiste à déterminer la formation d'un dépôt de cuivre sur un dessin en craits saillants et mauvais conducteurs, préalablement préparé, à la surface d'une planche de métal poli. Les traits saillants se trouvent reproduits en creux sur la contre-épreuve, et celle-ci peut servir, comme une planche gravée au tirage des épreuves. L'encre employée est habituellement composée d'un mélange d'essence de térébenthine et de gomme laque. C'est le

prince de Leuchtemberg, qui, en 1840, a imaginé la galvanographie.

Lorsqu'un objet est fragile ou oxydable, on
peut, à l'aide de la galvanoplastie, le recouvrir
d'une couche métallique très-mince, qui n'al-
tère en rien la beauté des lignes et la délicatesse
des détails. Cette couche suffit cependant pour
mettre l'objet à l'abri des causes de dégradation :
tel est le but de la galvanisation.

Si l'objet n'est pas conducteur, on opère
comme nous l'avons indiqué précédemment, en
métallisant sa surface au moyen de la plombagine, puis on le plonge dans la dissolution en le
fixant au pôle négatif d'une pile constante. On
recouvre ainsi d'une couche de cuivre, d'argent
ou d'or, des statuettes, des bois ciselés, des plâ-
tres, des fruits, des feuilles de végétaux et jusqu'à des cadavres.

C'est au moyen du cuivrage par la pile qu'on
a recouvert d'une même couche de cuivre les
candélabres à gaz qui servent à l'éclairage de
la ville de Paris. Ces candélabres en fonte sont
introduits dans une vaste cuve de bois contenant une dissolution de sulfate de cuivre. Pour
réduire l'oxyde de cuivre de ce sel, on place à

l'intérieur du liquide un certain nombre de couples de piles de Junsen. Le courant électrique qui se dégage traverse le bain, décompose le sel métallique et en sépare le cuivre qui se dépose sur la fonte. On maintient le bain saturé en y plaçant des cristaux de sulfate de cuivre contenus dans un sac : c'est une des plus intéressantes applications du cuivrage galvanique qui aient été faites jusqu'à ce jour.

Le bronzage, qu'on opère ensuite, a pour but de préserver les candélabres du vert de gris et de leur donner un aspect plus agréable. Cette partie du travail consiste à frotter la surface cuivreuse avec une huile contenant du sulfhy-drate d'ammoniaque.

Nous avons dit que Brugnatelli, élève de Volta, avait le premier observé qu'on pouvait dorer au moyen d'une pile et d'une dissolution alcaline d'or; mais, c'est de la Rive qui a réellement, le premier, appliqué la pile à la dorure; les procédés ont été améliorés par Ruolz et Elkington.— Si l'on veut que la dorure galvanique donne une couche parfaitement adhérente, il est indispensable que le bain soit alcalin, ou tout au moins d'une parfaite neutralité. —. Les bains acides

2

attaquent les métaux qu'on y plonge et ne donnent qu'une dorure sans solidité. Avant d'être immergés dans le bain, les objets doivent être soigneusement nettoyés, dérochés et décapés. Le bain le plus fréquemment employé consiste dans une dissolution de 50 grammes d'or dans l'eau régale; on fait évaporer; puis, quand la liqueur a la consistance d'un sirop, on verse de l'eau tiède et on ajoute environ 50 grammes de cyanure de potassium.

On forme ainsi 50 litres de dissolution d'or et de cyanure; et, après avoir fait bouillir ce liquide pendant quelques heures, on le verse dans la cuve où doit se faire la dorure, et qui, pendant l'opération, est maintenue à la température d'environ 70 degrés.

On pourrait opérer à froid; mais, la qualité du dépôt serait inférieure, et les couleurs seraient moins riches.

La cuve est traversée par deux tiges dorées, dont l'une, à laquelle on suspend des lames d'or servant d'électrodes solubles, communique avec le pôle positif, et dont l'autre, portant au moyen de crochets les objets à dorer, communique avec le pôle négatif. L'épaisseur de la couche d'or obtenue est proportionnelle à la durée de l'opération. Au sortir du bain, les objets sont mats, effet dû à la juxtaposition d'une quantité de petits cristaux métalliques. Il faut donc, pour leur donner le brillant désiré, avoir recours aux procédés ordinaires de brunissage.

La dorure galvanique permet d'obtenir facilement des réserves; et, pour cela, il suffit d'appliquer, au moyen d'un pinceau, sur les parties qu'on veut réserver, un vernis composé de chromate de plomb, délayé dans une huile grasse; on ajoute au mélange un peu d'essence de térébenthine.

La quantité de métal employée dans la galvanoplastie est tellement infime, que les opérations accessoires seules augmentent le prix de revient des objets dorés par ce procédé.

On a calculé que les cuillers ordinaires à café, en argent, sont parfaitement dorées avec moins de 8 centigrammes d'or, c'est-à-dire que chaque cuiller ne prend que pour 35 centimes environ de ce métal. — On paye donc, non pas la couche d'or, mais les manipulations qui précédent et qui suivent.

L'argenture est encore plus importante que la

dorure, non-seulement parce qu'elle est employée à de nombreux usages, mais aussi parce qu'on argente fréquemment les objets avant de les dorer. Ces deux opérations, qui se pratiquent de la même manière, donnent des effets analogues, et se complètent fréquemment l'une par l'autre.

Les objets à argenter, sont, comme les objets à dorer, soigneusement décrassés et décapés. Le bain se prépare de la même façon, avec cette différence qu'on substitue au cyanure d'or du cyanure d'argent.

« Dans les belles pièces d'orfèvrerie, dit M. J. Baille, on réunit quelquefois divers métaux. L'or et l'argent se mélangent, et par leur union, forment d'harmonieux contrastes. C'est, par exemple, une guirlande de fleurs : Les tiges, les feuilles sont dorées à l'or vert (mélange d'or et d'argent), chacune avec des nuances plus ou moins foncées; les fleurs sont argentées, et les étamines, ces délicats réservoirs de miel, sont dorées à l'or ordinaire. Toutes les nuances imitent entièrement les couleurs naturelles, et de simples ustensiles de fer ou de cuivre, deviendront de magnifiques objets d'art, peints et

ciselés par l'action lente et silencieuse de l'électricité. »

On est parvenu, par la galvanoplastie, à déposer l'or sur les tissus les plus légers ; et, il en
faut une quantité si minime que les plus magnifiques broderies n'en ont consommé que pour
quelques centimes. On recouvre d'or et d'argent
les matières organiques ; on dore des corbeilles,
des fruits, des fleurs. En France, particulièrement, on excelle à fabriquer de petites corbeilles
en argent, si légères et si gracieuses qu'on les
croirait tressées par la main de quelques fées :
On fait venir d'Allemagne une sorte d'osier
très-mince, très-léger qu'on tresse et qu'on recouvre d'une couche de plombagine. On dépose
ensuite autour des brins d'osier, une couche
assez épaisse de cuivre que l'on argente.

L'osier se dessèche et l'on a des tiges d'argent
tressées en corbeilles.

Avant la découverte de la galvanoplastie, il
existait trois procédés de dorure.

La dorure par immersion qui est encore employée pour les objets plaqués.

La dorure au mercure qui avait pour résultat

épouvantable d'empoisonner les ouvriers au bout de très-peu de temps.

La dorure à la feuille qui consistait à appliquer sur les objets une sorte de vernis que l'on recouvrait d'une feuille d'or laminée extrêmement mince.

La plupart de ces anciens moyens sont abandonnés aujourd'hui, grâce à l'application du procédé merveilleux que nous venons d'exposer.

Le Télégraphe.

On appelle télégraphe (*écrire de loin*) tout appareil permettant de transmettre à de grandes distances et avec une très-grande rapidité, des dépêches, au moyen de signaux convenus.

L'idée du télégraphe remonte à la plus haute antiquité : Les anciens Perses, pour transmettre certaines nouvelles pressées, se servaient de grands feux, allumés de distance en distance sur les hauteurs. Suivant Eschyle, un feu allumé en Phrygie, sur le Mont Ida, et répété de montagne en montagne, devait annoncer à Clytemnestre, qui résidait à Argos, la prise de Troie.

Diodore de Sicile raconte, que par le même procédé, les Nabathéens, peuples de l'Arabie-Pé-
trée, firent en un instant, connaître à toute
leur tribu, la marche d'un des lieutenants d'An-
tigone. Ce procédé, tout-à-fait primitif, ne pouvait servir, comme on le voit, qu'à annoncer
des événements prévus. Un perfectionnement
considérable y fut introduit, dans la seconde
moitié du troisième siècle avant Jésus-Christ,
par les ingénieurs de Philippe V, roi de Macé-
doine : Toutes les lettres de l'alphabet étaient
divisées en cinq colonnes, et, en les représen-
tant par des fanaux, ils créèrent un système de
signaux de nuit qui pouvait s'appliquer à la
transmission de toutes les nouvelles. Lorsqu'il
y avait une communication à faire, la vigie du
poste qui devait commencer levait deux fanaux ;
la vigie suivante en levait également deux, ce
qui signifiait que tout était prêt. La première
vigie levait alors à sa gauche un nombre de
fanaux qui indiquait dans quelle colonne se
trouvait la lettre qu'elle voulait indiquer, et, à
sa droite un nombre de fanaux qui représentait
le rang de cette lettre dans la colonne.

Cette méthode, à l'aide de laquelle on ne

pouvait transmettre les mots que lettre par lettre, demandait beaucoup de temps; mais il faut reconnaître que sa précision était extrême. La télégraphie proprement dite était trouvée; il ne restait plus qu'à la perfectionner.

On suppose que le grec Polybe communiqua aux Romains ce système de correspondance et qu'ils l'employèrent pendant les guerres puniques.

Nos aïeux, les Gaulois, employaient un autre procédé : Des guetteurs postés sur toutes les collines, criaient le message à tous les points de l'horizon. Les voix répondaient aux voix, et la nouvelle faisait rapidement son chemin. C'est ainsi que pendant la guerre des Gaules, les Arvernes apprirent en quelques heures la prise de Genabum (*Orléans*), malgré les 80 lieues qui les séparaient de cette ville.

Plus tard, les Romains établirent en Gaule, de distance en distance, des tours destinées à la transmission des signaux.

Pendant le moyen âge, tous ces systèmes de correspondance paraissent avoir été abandonnés. Au xvi° siècle, un physicien de Naples, Porta, proposa l'établissement d'un véritable système télégraphique : Il voulait qu'on établît, sur des tours élevées ou sur les montagnes, des vigies qui transmettraient des nouvelles quelconques en répétant certains signes.

En 1690, un Français, Guillaume Amontons, conçut un système ingénieux de télégraphie, et il proposa, le premier, d'employer la lunette d'approche pour l'observation des signaux aériens.

L'invention d'Amontons fut négligée, parce que, à cette époque, on n'éprouvait pas le besoin de correspondances rapides.

Mais à l'époque de la révolution, la lutte de la France contre les puissances coalisées, changea la face des choses : L'abbé Claude Chappe, après plusieurs tentatives infructueuses, proposa à la Convention, un système de télégraphe dont il était l'inventeur.

Il parvint à établir une ligne de Paris à Lille, et cette ligne fut inaugurée le 30 novembre 1794, par l'annonce d'une victoire sur les Autrichiens. — La Convention était en séance et reçut cette simple dépêche : « Nous venons de prendre Condé. » — Elle répondit immédiatement : « L'armée du Nord a bien mérité de la patrie. » — Les soldats reçurent ce glorieux éloge peu d'instants après leur victoire.

La ligne télégraphique, d'après le système de Chappe, se composait d'une série de postes placés sur les lieux élevés et distants d'une quinzaine de kilomètres. A chaque extrémité se trouvait un directeur qui correspondait avec Paris, et chaque station employait deux hommes qui se relayaient à des heures déterminées. Les dépêches étaient transmises avec une assez grande rapidité ; mais malheureusement, le service ne pouvait se faire pendant la nuit; et, même pendant le jour, il était souvent interrompu par le brouillard.

Un nouveau système allait surgir, qui par sa prodigieuse vitesse allait rendre presque instantanées les communications échangées d'un bout du monde à l'autre.

Personne n'ignore la vitesse de l'électricité : Aucune des autres vitesses, que nous observons sur la terre ne peut lui être comparée. Comment, en effet, se faire une idée exacte, précise, d'une vitesse de 72,000 lieues par seconde !

« Supposez, dit M. Baille, un immense fil télégraphique partant d'un pôle pour aller s'attacher à l'autre, et revenir ensuite au point de départ; supposez que ce fil, sans discontinuité,

fasse deux fois le tour du globe terrestre : Un
signal donné en un point quelconque de ce fil
parcourra la longueur totale, et reviendra au
même point en moins d'une seconde, dans le
rapide instant qui s'écoule entre deux pulsations
de votre cœur. »

Le son mettrait un jour entier pour faire une
seule fois le tour de la terre. Un boulet de canon
ne pourrait faire ce trajet qu'en 21 heures; une
locomotive faisant 100 kilomètres à l'heure em-
ploierait 17 jours.

Dès que les physiciens eurent découvert l'ins-
tantanéité de la transmission de l'électricité,
l'idée de la possibilité d'établir un système de
télégraphe électrique est née.

On peut faire trois groupes des moyens ima-
ginés pour résoudre ce magnifique problème.

Chacun de ces groupes correspond à l'une
des trois grandes découvertes opérées depuis un
siècle dans cette branche de la science.

Jusqu'aux premières années du dix-neuvième
siècle, les inventeurs de télégraphes électriques
n'avaient à leur disposition que l'électricité statique, l'électricité dégagée par la machine électrique, et il leur fut impossible de se servir d'un

autre agent. Leurs systèmes de signaux furent
basés sur les attractions et les répulsions mani-
festées par le pendule électrique.

Le document le plus ancien où se trouve nettement posé le problème de la télégraphie électrique, est une lettre datée du 1ᵉʳ février 1753,
et attribuée à Marshal, savant physicien de
l'époque. On cite les expériences de Lesage, à
Genève, en 1774, de Lomond, en France, en
1787, et de Salva, en Espagne, en 1796.

Tous ces inventeurs n'aboutirent qu'à cons-
truire des appareils de cabinet, plus ou moins
ingénieux, mais qu'il eut été impossible d'appliquer à la transmission sur une grande échelle.

La découverte du fluide électrique à courant
continu, donne naissance à la seconde période
des recherches relatives à l'établissement du télégraphe électrique.

De toutes parts, on chercha à utiliser pour la
transmission, les propriétés décomposantes des
courants fournis par la pile de Volta. — Coxe
imagina, en 1810, un télégraphe galvano-chi-
mique; Sœmmering et plusieurs autres cher-
cheurs produisirent, en 1811, des travaux analogues.

Delambre avait vu fonctionner, dès 1802, le télégraphe à cadran de Jean Alexandre. — Mais tous ces essais n'aboutirent encore qu'à des déceptions.

Enfin, la troisième période s'ouvre en 1819, avec la découverte que fit Œrsted de l'action d'un courant électrique, sur l'aiguille aimantée.

Dès ce moment, la télégraphie électrique devint possible.

Le 2 octobre 1802, Ampère s'exprimait ainsi, dans une note lue à l'Académie des sciences :

« On pourrait, au moyen d'autant de fils conducteurs et d'aiguilles aimantées qu'il y a de lettres, et en plaçant chaque lettre sur une aiguille différente, établir, à l'aide d'une pile placée par ses deux extrémités à celles de chaque conducteur, une sorte de télégraphie propre à écrire tous les détails qu'on voudrait transmettre, à travers quelques obstacles que ce soit, à la personne chargée d'observer les lettres placées sur les aiguilles. En établissant sur la pile un clavier dont les touches porteraient les mêmes lettres et établiraient la communication par leur abaissement ce moyen de correspondance pourrait avoir lieu avec assez de facilité, et n'exigerait que le temps nécessaire pour toucher d'un côté et lire de l'autre chaque lettre. »

Voilà le principe de la télégraphie nettement formulé; mais, l'appareil proposé présente encore trop de complications pour être employé dans la pratique.

Du reste, les piles alors connues, n'auraient pu suffire aux besoins d'une correspondance télégraphique suivie.

Malgré les recherches et les expériences des savants, plusieurs années devaient encore s'écouler avant qu'on parvînt à la solution du problème.

Les appareils étaient trop compliqués; quelques-uns exigeaient autant de fils qu'il y avait de signaux à transmettre. Il fallait donc 25 fils pour la reproduction de notre alphabet, et un 26° pour compléter les différents circuits.

La question en était là, lorsqu'en 1837, cette solution tant désirée arriva en même temps, de l'Angleterre, de l'Allemagne et des Etats-Unis.

Wheatstone, à l'aide d'une ingénieuse combinaison de cinq aiguilles, parvenait à réduire à six les fils de la ligne. Il ajoutait à son télégraphe une sonnerie électrique fonctionnant sous l'influence d'un électro-aimant.

Les premières expériences eurent lieu entre Londres et Birmingham.

La sonnerie fonctionna difficilement, et c'est pour corriger ce défaut que Wheatstone inventa le relais dont nous aurons occasion de reparler.

En même temps Steinheil essayait, à Munich, sur une longueur d'environ vingt kilomètres, un télégraphe qui, non seulement fonctionnait mais écrivait la dépêche à l'encre, sur une bande de papier.

Dans le cours de ses expériences, le savant allemand découvrit la faculté que possède la terre de conduire les courants. Cette découverte fit faire un pas immense à l'art nouveau. Jusque là, on croyait qu'un fil métallique était indispensable pour transmettre l'électricité. On savait bien que les liquides conduisent également ce fluide, mais comme l'action du liquide le plus favorable est 16 millions de fois inférieure à celle du métal, on n'avait pas songé à remplacer les métaux dans cette fonction si importante.

Steinheil reconnut que la terre peut trans·
mettre le courant lorsque le fil conducteur qui
forme la première moitié du parcours se termine
à son extrémité libre, par une plaque métallique
enterrée dans le sol, et que la pile elle-même est
en rapport avec le sol. Il fut donc dès lors établi
qu'on pouvait se dispenser d'établir sur les lignes télégraphiques un fil de retour, ce qui ré-
duisait dans des proportions considérables les
frais de construction. Bientôt même il fut
prouvé que la terre favorise la marche du courant, attendu que la résistance opposée est toujours la même, pour les grandes comme pour
les petites distances.

L'Américain Morse proposa un télégraphe
écrivant des plus ingénieux ; mais l'appareil ne
fut d'abord en état de fonctionner que sur une
longueur maximum de 600 mètres. Ce ne fut
que lorsqu'il eut emprunté à Wheatstone le système des relais, que Morse parvint à établir un
appareil qui pouvait transmettre à toutes distances.

Ces expériences eurent un grand retentisse-
ment : De toutes parts, on travailla à perfectionner les systèmes déjà connus; on en ima-

gina de nouveau; on constata la possibilité de transmettre simultanément deux dépêches, en sens opposé, sur le même fil, sans qu'il y ait confusion.

L'Angleterre et les Etats-Unis étaient déjà couverts de lignes télégraphiques, quand les autres pays en étaient encore à expérimenter. La première ligne établie en France fut celle de Paris à Rouen, construite en vertu d'une ordonnance royale du 29 novembre 1844.

La télégraphie électrique est basée sur l'aimantation temporaire du fer par un courant électrique. En répétant l'expérience d'Œrsted, Arago découvrit que l'électricité circulant autour d'un barreau de fer doux, c'est-à-dire très-pur, lui communique toutes les propriétés de l'aimant. Si donc on prend un barreau de fer doux, qu'on le place à l'intérieur d'une bobine autour de laquelle est enroulé un long fil de cuivre entouré d'une enveloppe isolante de soie, et qu'on mette les deux bouts de ce fil en communication avec les deux pôles d'une pile, ce barreau devient un aimant, et, comme tel, attire le fer, aussi longtemps que subsiste la communication entre la pile et les deux extrémités du

fil. Si l'on détruit cette communication, le barreau perd instantanément la propriété qu'il
avait acquise; et ce double phénomène, de l'aimantation et de la désaimantation instantanée
du fer doux, se produit toujours quelle que soit
la distance qui sépare le barreau de la pile.

Si nous plaçons à portée du barreau renfermé
dans la bobine, un autre barreau de fer doux
mobile, sur lequel presse un ressort tendant à
l'éloigner de l'aimant temporaire, il est évident
que nous pourrons, d'un point quelconque du
circuit, communiquer au barreau mobile, un
mouvement de va-et-vient, suivant que nous in-
terromprons ou que nous rétablirons successivement le courant électrique.

Supposons à Paris, une pile en activité. Le
fil de cette pile s'étend jusqu'à Poitiers, et là, il
est enroulé autour d'un barreau de fer doux,
au-devant duquel nous avons placé une lame de
fer mobile munie d'un ressort, puis, il est ra-
mené à Paris.

Le fluide électrique partant de notre pile, si-
tuée à Paris, aimante le barreau de fer doux
placé à Poitiers, et attire la plaque mobile qui
s'applique sur notre aimant temporaire.

Si maintenant, nous supprimons à Paris la communication du fil conducteur avec la pile, le barreau de fer doux, placé à Poitiers, ne sera plus aimanté et ne retiendra plus la plaque mobile qui reprendra sa position primitive. Le même effet se reproduira instantanément chaque fois que nous établirons ou que nous supprimerons le courant électrique.

On a construit un grand nombre de variétés de télégraphes ; toutes ces variétés sont basées sur l'aimantation temporaire du fer ; mais elles diffèrent notablement par le mécanisme qui sert à appliquer ce fait à la transmission des signaux.

Quel que soit le système employé, trois organes fondamentaux sont indispensables : 1º L'organe de transmission de l'agent électrique entre les deux stations qui veulent correspondre ; 2º l'organe de production des signaux au point de départ ; 3º l'organe de la reproduction soit passagère, soit permanente de ces mêmes signaux au point d'arrivée de la dépêche.

Nous allons donc étudier successivement, le *fil conducteur*, le *manipulateur* et le *récepteur* du télégraphe électrique.

L'appareil de transmission ou circuit électro-
dynamique se compose d'un système de conducteurs isolés qui relient les deux postes,
d'instruments destinés à constater le passage du
courant ou à en régler l'intensité, et d'un électro-moteur d'une puissance suffisante pour vain-
cre les résistances de la ligne. Les conducteurs
sont formés de fil de fer galvanisés, suspendus
le long des routes ou des chemins de fer, au
moyen de pièces de porcelaine fixées à des po-
teaux de sapin, ou que l'on place quelquefois
sous la terre ou même sous l'eau, après les avoir
enfermés dans une enveloppe isolante.

L'appareil de production des signaux ou *manipulateur* varie beaucoup dans sa forme et dans
son mécanisme ; c'est tantôt un interrupteur,
tantôt un commutateur, placé dans le circuit de
la pile.

Le *récepteur* ou appareil de reproduction des
signaux est, dit le professeur Gavarret « consti-
tué par un système d'électro-aimants traversés
par le courant de la ligne, et qui mettent en
mouvement les organes destinés à reproduire
les signaux. D'ailleurs, chaque système télégraphique a son récepteur spécial dont la forme

et le mécanisme dépendent du mode adopté par la reproduction de la dépêche. Les signaux peuvent être reproduits par le nombre et le sens des déviations de l'aiguille d'un galvanomètre traversé par le courant, ou par une aiguille qui se meut sur un cadran et s'arrête en face de la lettre à transmettre. La correspondance, toutefois, s'établit avec plus de sûreté, quand les signaux sont imprimés sur des bandes de papier. Pour que, sur une ligne quelconque, la correspondance puisse s'établir alternativement dans les deux sens, chaque poste, ainsi qu'il est facile de le comprendre, doit avoir son électro-moteur, son manipulateur et son récepteur. »

Nous nous bornerons à décrire le télégraphe écrivant de Morse. qui fonctionne sur toutes nos lignes télégraphiques et sur celles de toute l'Europe continentale et des États-Unis d'Amérique.

Le *manipulateur* est l'appareil qui sert à laisser passer et à interrompre le courant électrique ; c'est lui qui sert à transmettre la dépêche. Voici avec quelle simplicité Morse l'a établi : Un des pôles de la pile est en communication avec le sol ; l'autre avec un bouton de cuivre

placé sur le manipulateur; le contact est assuré
par une vis de pression, qui peut rendre le fil
de la pile complètement indépendant. C'est par
le bouton de cuivre que l'électricité entre dans
l'appareil. Une lame métallique partant de ce
bouton vient aboutir à une pointe, où s'arrête,
dans l'état ordinaire, la communication métallique, ce qui fait que l'électricité s'accumule en
cet endroit qui devient le pôle de la pile.

Au-dessus de la pointe est placé un levier en
cuivre qui, dans son état normal, ne la touche
pas, parce qu'il est maintenu relevé par un ressort; ce levier est mis en communication permanente avec la ligne par un fil qui traverse l'axe
autour duquel il tourne.

Si nous appuyons sur la poignée qui termine
le levier, il s'abaissera, viendra toucher la
pointe, et le courant entrera dans le fil de la
ligne; si, au contraire, on cesse de presser, le
levier se relève sous l'action de son ressort et le
courant est supprimé.

Ainsi, en pressant le ressort et en le laissant
ensuite abandonné à son élasticité, on établit et
on interrompt successivement le passage de l'é-
lectricité dans l'appareil récepteur, placé à l'au-

tre station. — Ce levier qui, à lui seul, constitue tout le manipulateur, s'appelle la clef. — Il est bien entendu que chaque poste a son récepteur et son manipulateur.

Le *récepteur* se compose d'un électro-aimant qui imprime à une tige de fer un mouvement de va-et-vient qui se transmet au mécanisme producteur des signaux. L'électro-aimant est placé verticalement et la tige qui s'attache à un levier très-léger, analogue au fléau d'une balance est placée horizontalement.

L'extrémité du levier porte un stylet ou un crayon qui vient marquer des points ou des traits sur une bande de papier qui se déroule au fur et à mesure.

Lorsque le courant circule, l'électro-aimant attire la tige qui s'abaisse et vient s'appuyer sur lui.

Mais, puisque le levier tout entier s'abaisse, comme le ferait le fléau d'une balance, le crayon se relève et, pressant contre le papier, marque un trait; tant qu'on laisse passer le courant, le crayon touche à la bande de papier; mais, dès qu'on l'interrompt, la tige se relève, le crayon s'abaisse et la bande de papier se déroule sans recevoir aucun trait. — Si, après avoir fait passer le courant subitement on l'interrompt aussitôt, le crayon s'est élevé et abaissé instantanément et n'a marqué qu'un point. Mais si on laisse le courant se continuer un instant, le crayon marque un petit trait.

La succession de points et de traits imprimés sur la bande de papier, constitue la dépêche.

En combinant les points et les traits, on a formé un alphabet de convention qui sert à la transmission des dépêches et que nous indiquons ci-après :

A . —	G — — .	M — —	S . . .	Y — . — —
B — . .	H . . ,	N — .	T —	Z — — . .
C — . — .	I . .	O — — —	U . . —	CH — — — —
D — . .	J . — — —	P . — — .	V . . . —	
E .	K — . —	Q — — . —	W . — —	
F . . — .	L . — . .	R — .	X — . . —	—

On a formé, de la même façon, des signes qui s'appliquent aux chiffres et à la ponctuation.

L'alphabet, qui n'a absolument rien de secret, est uniforme pour toute l'Europe.

En ce qui concerne les dépêches secrètes de l'Etat, elles sont écrites au moyen de chiffres secrets dont les intéressés seuls possèdent la clef.

Pour que la bande de papier qui reçoit la dépêche se déroule d'elle-même et uniformément, un mouvement d'horlogerie fait tourner deux rouleaux qui l'entraînent, par frottement. Un de ces rouleaux sert de point d'appui au crayon lorsqu'il veut faire sa trace sur le papier.

En général, le courant n'éprouve presque aucune perte d'électricité dans son parcours; mais, exceptionnellement, par des temps humides ou pluvieux, ces pertes peuvent être relativement considérables; et, il peut arriver que l'électricité transmise ne parvienne plus en quantité suffisante à sa destination.

Pour obvier à cet inconvénient, on a construit les relais interposés entre la ligne et le récepteur.

Un électro-aimant dont l'armature communique constamment avec un des pôles de la pile est mis en rapport avec le fil de la ligne. Au repos, le circuit est interrompu; mais, quand l'électricité de la ligne arrive dans l'électro-ai-

3

mant, la tige (*armature*) déplacée vient toucher une pointe métallique placée devant elle. Cette pointe est reliée au second pôle de la pile locale que l'armature met en communication avec le premier. Le circuit est alors formé, et dans ce courant local se trouve le récepteur. Donc autant de fois l'électricité de la ligne déplacera la tige, autant de fois la pile locale agira sur l'appareil à signaux.

Il est nécessaire d'avertir la personne chargée de recevoir la dépêche. On a, à cet effet, inventé une sonnerie d'alarme qui se compose d'un électro-aimant ordinaire, dont l'armature, terminée en marteau, vient frapper un timbre dans ses oscillations successives. Aussitôt que l'électricité arrive, le marteau, attiré par le fer aimanté, vient frapper sur le timbre; pour cela, il abandonne la tige et le courant est interrompu. Mais alors le marteau qui n'est pl^{us} attiré retombe et revient à sa position première. Le courant se rétablit et le même mouvement se produit. Il se fait donc une succession d'attractions et de chutes très-rapides, dont le bruit sur le timbre ressemble à un tremblement.

Le télégraphe à cadran, qui n'est presque

plus en usage, est basé sur le principe suivant :

« A la station du départ, dit M. Figuier, est disposé un cadran circulaire sur lequel sont inscrits les vingt-quatre lettres de l'alphabet et les dix chiffres de la numération. Ce cadran est mis en rotation, par le fil de la pile, avec un autre cadran semblable, placé à la station d'arrivée, et sur lequel se répètent exactement les mouvements exécutés sur le premier.

« Veut-on transmettre une dépêche à la station de départ, on amène successivement les diverses lettres qui composent le mot devant un point d'arrêt du cadran, et par l'établissement ou l'interruption alternative du courant qui fait mouvoir l'aiguille, ces mêmes lettres apparaissent, au même moment, sur le cadran de la station d'arrivée, par l'effet de l'établissement ou de l'interruption du courant voltaïque à cette station. »

Nous emprunterons au même auteur, quelques mots sur le télégraphe imprimant : « On désigne sous ce nom un télégraphe électrique qui, à l'aide d'un mécanisme particulier, trace sur le papier, en caractères d'imprimerie ou autres, la dépêche envoyée. Le moyen qui ver-

met d'obtenir ce résultat consiste à pousser, par
la force électro-magnétique engendrée par la
pile, une lettre en caractère d'imprimerie recouvert d'encre, contre une bande de papier
qui se déroule continuellement d'un mouvement
uniforme. »

Ce système qui n'était employé qu'aux Etats-
Unis, commence à être en France d'un assez
fréquent usage.

Horlogerie Électrique.

L'horloge électrique est une belle et ingénieuse application de la télégraphie électrique.

« Le même moyen physique, dit M. Figuier,
qui sert à tracer des signes à distance avec le
télégraphe électrique américain, permet aussi
de télégraphier le temps, c'est-à-dire de marquer ses divisions. En effet, quand on fait fonctionner le télégraphe électrique de Morse, c'est
la main de l'opérateur qui, à l'une des stations,
établissant et interrompant le courant électrique, met en action, malgré la distance, l'électro-aimant de la station opposée. Dans l'hor-

loge électrique, le balancier d'une horloge rem-
place la main de l'employé du télégraphe, et
par ses oscillations successives, établit et interrompt le courant à intervalles égaux, de manière à transmettre à distance les divisions du
temps, c'est-à-dire de faire battre la seconde. »

L'application de l'électricité à l'horlogerie a
pour but de faire répéter, au même instant, les
indications d'une horloge, par un grand nombre
de cadrans semblables, placés dans différents
endroits, par exemple dans tous les quartiers
d'une grande ville, dans toutes les salles d'un
édifice ou même dans toutes les pièces d'une
maison particulière.

Pour cela, il suffit qu'une horloge étalon
porte une roue dentée qui communique avec un
des pôles d'une pile, et que cette roue dentée
touche, à des intervalles égaux, l'extrémité
d'un conducteur destiné à transmettre le courant à des électro-aimants disposés dans chacune
des horloges qu'il s'agit de faire marcher. Les
différents cadrans reliés entre eux par le fil
conducteur de la pile partant de l'horloge di-
rectrice, réfléchissent comme autant de miroirs,
les mouvements des aiguilles de cette horloge.

Chaque fois que le courant vient aimanter l'é-
lectro-aimant, celui-ci attire une pièce de fer
doux, qui est ramenée par un ressort à sa position antérieure, lorsque le courant cesse de la
solliciter.

Toutes les horloges secondaires sont de simples cadrans dépourvus de tout mécanisme
d'horlogerie et réduits à leurs deux aiguilles.

Si le fil conducteur s'enroule, derrière chacun
de ces cadrans, autour d'un petit électro-aimant
qui, en se chargeant d'électricité attire une
petite lame de fer, voici ce qui se passe : Quand
le balancier de l'horloge principale établit le
courant électrique, les électro-aimants des autres horloges attirent la petite armature placée
en face d'eux : et cette armature mise en mouvement pousse la roue de l'aiguille et la fait
avancer au moyen d'un petit mécanisme très-
simple, appelé *rochet*.

Le balancier de l'horloge régulateur battant
la seconde, tous les cadrans éloignés répètent, à
chaque seconde ses mouvements, et comme lui,
battent la seconde.

La première application du principe de la télégraphie électrique à l'horlogerie fut réalisée

en 1839, par un physicien de Munich. Wheastone, en 1840, construisit à Londres, une horloge électrique. Le premier essai d'application pour toutes les horloges d'une grande ville a été fait à Leipsick, en 1850. Des horloges électriques fonctionnent à Gand, en Belgique ; et, plus près de nous, en France, à Marseille.

Le Téléphone.

« Dans un compartiment de la section américaine à Philadelphie, dit M. P. Giffard, compartiment réservé aux appareils de transmission télégraphique, le jury remarqua, vers les premiers mois de l'Exposition, une chose quasi-surnaturelle, un petit objet en bois muni d'un fil, ayant la forme d'un bilboquet, et qui transmettait, à des distances incalculables, disait son inventeur, le son et la parole humaine.

» L'inventeur de cet appareil, appelé téléphone, était M. Alexandre Graham Bell, américain, professeur de physique dans une école professionnelle de New-York.

» Des expériences furent faites aussitôt sous

les yeux du jury et on obtint ce résultat merveilleux, que des paroles prononcées à Philadelphie, au centre de l'Exposition, étaient entendues à l'extrémité de la ville.

» On agrandit le cercle des expériences, et
quelques membres du jury se transportèrent
dans les environs.

» Le résultat fut aussi concluant.

» Enfin, entre New-York et la capitale de la
Pensylvanie, on emprunta l'un des fils du télégraphe ordinaire; on attacha au fil, dévié de sa
direction ordinaire, deux téléphones, l'un à
Philadelphie, l'autre à New-York, et les personnes qui se trouvaient dans la première de ces
villes entendirent clairement ce que les personnes restées dans la seconde disaient ou chan-
taient à l'orifice du téléphone, disposé en forme
d'entonnoir ou de porte-voix vulgaire. »

On raconte qu'étant encore en Ecosse, d'où
il est originaire, M. Graham Bell s'appliqua à
faire parler une jeune sourde-muette, sa pupille,
et qu'il y parvint après deux mois d'un ensei-
gnement persévérant.

Déjà il songeait au téléphone, et il aurait dit
à ceux qu'il entretenait de son projet : « J'ai

fait parler des sourds-muets, vous verrez que je saurai donner la parole au fer. »

Mais disons en quoi consiste cette invention merveilleuse au moyen de laquelle on ne tardera peut-être pas à pouvoir causer tranquillement, discuter ses affaires entre Lille et Marseille, Bordeaux et Constantinople, Paris et Saint-Pétersbourg.

Le téléphone se compose d'un porte-voix, espèce de cône renversé, comme on en applique aux tuyaux verts qui servent à établir la communication entre les différentes pièces d'une maison.

Cet entonnoir porte à l'extérieur, quatre coins de bois qui n'ont d'autre but que de lui donner une forme plus commode. Sur l'appareil creux que nous désignerons sous le nom d'embouchure, bien qu'il soit à lui seul, à peu près tout l'instrument, est fixée une membrane de fer très-mince, aussi mince que l'aile d'une libellule, derrière laquelle se trouve une petite tige d'acier aimanté. La tige est perpendiculaire à la membrane dont elle est très-rapprochée, et elle supporte une toute petite bobine de fil de cuivre.

L'embouchure dans laquelle on parle est reliée à une seconde embouchure qu'on place contre l'oreille, par deux fils de métal, ou, pour simplifier, par un seul fil isolé dont les deux extrémités sont mises en communication avec le sol, afin de pouvoir former le circuit indispensable à toutes les communications télégraphiques. C'est là, absolument tout l'instrument.

Le fil a deux lieues, vingt lieues, suivant la distance qui sépare les deux stations entre lesquelles on veut communiquer, mais l'embouchure est la même aux deux extrémités de la correspondance.

Il ne faut donc employer ni pile, ni ingrédients chimiques désagréables à manipuler; tout se résume dans le petit cornet, la plaque métallique, la tige, la bobinette et le fil.

Essayons maintenant d'expliquer le mécanisme de l'instrument :

On sait que le son est produit par les vibrations des corps sonores : Lorsque les vibrations sont peu nombreuses, le son est grave ; lorsque, au contraire, les vibrations sont très-nombreuses, le son est aigu. Quand nous parlons sur une mince plaque au-dessous de laquelle se trouve une cavité, la plaque vibre à l'unisson de

la voix. De même, la petite membrane du téléphone, ténue comme l'aile d'un insecte, reçoit
les vibrations de la voix de l'homme, et elle
vibre de la même manière.

Ce mouvement vibratoire la rapproche et l'é-
loigne successivement de la tige de fer ; et, il se
produit dans la bobine deux courants, dans
deux sens contraires. On comprend que l'éner-
gie de chaque courant dépend de l'amplitude du
mouvement de la membrane.

La série des phénomènes qui se produit, au
départ, dans l'appareil qui sert à transmettre le
son, se reproduit à l'arrivée, et très-exactement,
dans l'appareil qui sert de récepteur, mais, en
sens inverse.

Ainsi, dit M. Giffard, « les courants produits
dans la première bobine par le son de la voix
qui parle dans l'embouchure, et transmis par le
fil conducteur à la deuxième bobine, augmentent ou diminuent la vertu magnétique de la
deuxième tige d'acier, et, en vertu de ces va-
riations subordonnées au nombre ainsi qu'à
l'amplitude des sons, la deuxième membrane
subit un mouvement vibratoire analogue en
nombre et en amplitude au mouvement généra-

teur. La voix produit les sons que produisent les vibrations qui se transmettent par le fil à l'appareil correspondant, lesquelles vibrations reproduisent à l'oreille de l'auditeur les paroles et le timbre de la voix humaine, puisque ces vibrations forment l'analyse, le détail de la voix.»

« De même que l'appareil Morse reproduit les tic-tac d'un levier très-léger, qui marque des signes conventionnels , de même l'appareil Graham Bell reproduit les tic-tac insensibles à l'œil nu et au galvanomètre de la membrane du téléphone. »

« On peut, dit M. Niaudet, mettre plusieurs téléphones dans le même circuit, c'est-à-dire que le courant passe dans les différents appareils ; il n'est pas douteux qu'on ne puisse en mettre un assez grand nombre en circuit ; mais il faut croire que le nombre serait limité. »

« Au lieu, dit M. Giffard, de considérer deux stations, une station de transmission et une station de réception, nous arrivons à un nouveau résultat si nous considérons trois ou quatre téléphones placés en dérivation. Ainsi, nous sommes à Paris ; nous voulons communiquer avec la mairie de Courbevoie, mais aussi avec celle

de Suresnes et celle de Puteaux. En plaçant à
un point quelconque de la ligne télégraphique
de Paris à Courbevoie, deux fils aboutissant à
deux autres téléphones, lesquels seront placés
l'un dans la mairie de Suresnes, et l'autre dans
la mairie de Puteaux, il se produira ce phénomène encore heureux, que notre voix, nos pa-
oles seront distinctement et simultanément
entendues dans les trois mairies suburbaines.
De sorte que, si nous avons les mêmes instruc-
tions à donner sur ces trois points de la ban-
lieue, nous n'avons qu'à les formuler une seule
fois. »

C'est M. Bréguet qui présenta à l'Institut, la
curieuse invention américaine, et qui a été
chargé par M. Bell de faire, pour son compte et
selon son goût des téléphones, dans la forme de
l'inventeur ou avec les perfecti.nnements qu'il
pourrait y apporter.

L'une des premières expériences fut faite entre Paris et Saint-Germain : Le résultat général fut excellent.

On entendit compter, causer, chanter et rire.
Les assistants, tous gens de science, ne purent
réprimer l'émotion qui s'était emparée d'eux.

M. Bréguet fit une expérience aussi concluante, entre Mantes et Paris. La conversation s'établit parfaitement au moyen du fil télégraphique de l'Ouest qu'on avait emprunté. La distance est de 57 kilomètres.

« A quelques temps de là, dit M. Giffard, nous eûmes le plaisir de voir l'atelier de M. Bréguet, et le cabinet de travail où se trouvait alors le seul téléphone double qu'on connût en France.

» M. Bréguet nous fit voir l'appareil, et nous pûmes assister à une expérience concluante. On prévint par une sonnerie les ouvriers qui se trouvaient au troisième étage. Ils prirent tour à tour le téléphone en main et communiquèrent dans le cabinet de travail leurs impressions, des appréciations sur la température ; ils lurent des fragments de journal, comptèrent, et enfin, l'un d'eux, qui avait une jolie voix, chanta un grand air. La voix sortit de l'instrument un peu nasillarde, mais fort nette, et avec ses nuances les plus faibles : C'était stupéfiant. »

Depuis l'invention de M. Bell, on a construit plusieurs systèmes de téléphones : L'un des plus parfaits de ces instruments paraît être

celui dont M. Gower est l'inventeur. Voici comment M. Francisque Sarcey rend compte
d'une séance d'expérimentation du téléphone de
M. Gower :

« Quand nous sommes entrés dans la salle des
Capucines, nous avons aperçu, vissé à un instrument dont la forme ne nous disait rien, un
long cornet, comme ceux dont on se sert pour
jouer au tric-trac. L'embouchure était tournée
de notre côté.

» L'expérimentateur s'est penché vers le cornet et a dit : Etes-vous là?

» Une voix qui paraissait venir d'un lointain
prodigieux, a répondu, avec un accent bizarre :
Me voilà prêt.

» Ces mots ont été entendus de toute la salle
des conférences.

» D'où partaient-ils?

» L'inventeur, M. Gower, à qui le conféren-
cier, après une excellente exposition théorique,
avait cédé la parole, nous expliqua que son correspondant était au n° 10 de la rue du Faubourg,
Montmartre, où les appareils d'expérience sont
installés. Un fil qui passe par-dessus les toits,
relie la maison à la salle des Capucines. La dis-

tance n'est pas très-considérable; mais ces mêmes expériences se font couramment avec des fils de quatre ou cinq kilomètres de long; et, un jeune ingénieur de chemin de fer, qui se trouvait là, nous a dit qu'il avait le jour même entretenu une conversation, par téléphone, de la gare de Paris avec la station de Lagny, qui est à 28 kilomètres.

» Il est certain que la conversation engagée entre M. Gower et son préparateur, l'un parlant dans la salle des Capucines, l'autre répondant de la rue du Faubourg-Montmartre, a été perçue très-nettement, très-distinctement et sans fatigue aucune par tous les assistants. La voix prend dans ce tube des sonorités étranges, mais elle est parfaitement articulée, et l'on ne perd pas un mot de la phrase.

» Ce qui a suivi la conférence a peut-être encore paru plus étonnant que les expériences mêmes. Quelques personnes étaient venues naturellement causer avec M. Franck Géraldy, et avec M. Gower. Elles demandaient des explications, émettaient des doutes. Aucun de nous ne songeait plus au cornet, qui, lui recueillait toutes nos paroles et les transportait Faubourg-

Montmartre. Le préparateur, du fond de la chambre, assistait à notre conversation et l'entendait aussi bien que s'il eût été au milieu de nous.

» Voilà que tout-à-coup nous entendons sortir du tube une voix qui, se mêlant à l'entretien, répond à l'objection qui s'était produite. L'effet était si imprévu, si instantané que nous avons tous éclaté de rire.

» — De quoi riez-vous ? a dit la voix.

» Et nous sommes repartis de plus belle.

» Rien n'est plus étonnant, et je puis ajouter que rien n'est plus commode. »

Aujourd'hui, le téléphone commence à entrer dans les habitudes françaises. Il est employé dans les gares, dans les grandes administrations, chez les agents de change, dans les ministères, dans les magasins, dans les usines.

Tel qu'il est, il rend d'importants services, et nous ménage, sans doute, pour l'avenir, de grandes et curieuses surprises.

Le Microphone.

Nous avons vu comment, au moyen du télé-phone, de faibles vibrations se font entendre à des distances considérables; mais ces vibrations perdent toujours de leur intensité.

M. Hugues a inventé un instrument, le *micropho-ne*, qui au lieu d'affaibiir les vibrations les am-plifie. Nous reproduisions d'après un journal (la France) la description de cet appareil aussi simple qu'extraordinaire par les effets qu'il produit :

« Le téléphone donne naissance aux décou-vertes les plus étonnantes. Après le phonogra-phe d'Edisson, voici le *microphene* de M. Hu-gues, l'électricien américain auquel est dû le télégraphe autoscripteur qui porte son nom et qui est en usage dans l'administration des postes.

Le microphone que M. Du Moncel a présenté a l'Académie des Sciences, est un appareil qui permet d'amplifier d'une façon considérable, et de transmettre au loin les sons les plus faibles, même ceux imperceptibles à l'oreille, il est donc pour l'ouïe ce que le microscope est pour la vue.

L'appareil présenté par M. Du Moncel a été onstruit hâtivement et grossièrement par Æ. Crookes, uniquement pour qu'on puisse se aire une idée expérimentale de l'invention de H. Hugues. C'est un téléphone modifié comme nous allons le dire.

Le téléphone récepteur, celui qu'on applique à l'oreille, est absolument l'instrument ordinaire.

Le téléphone transmetteur se compose d'une planchette mince, de la moitié du couvercle d'une boite de cigares, par exemple, dressée verticalement, à angle droit, sur une autre planchette horizontale.

On fixe sur la planchette verticale deux dés en charbon de cornue ; l'un au-dessus de l'autre ; ils sont creusés, le plus bas à sa surface supérieure, et le plus haut à sa face inférieure, d'un petit trou.

On place entre ces deux dés un crayon, légèrement taillé en pointe, et on le place de façon qu'il entre dans le trou du dé inférieur, tandis qu'il soit seulement appuyé en haut, contre le rebord du trou du dé supérieur. Ce crayon est, pour ainsi dire, en état d'équilibre instable ; il est donc susceptible de vibrations, de mouvements les plus variés sous l'impulsion la plus légère.

L'appareil ainsi disposé, on place une montre, par exemple, sur la planchette horizontale, et on établit· le courant électrique comme dans le téléphone de Bell. Il suffit de quatre piles Leclanché.

On écoute alors au téléphone récepteur, et on entend le *tic-tac* de la montre très-amplifié, beaucoup plus bruyant que lorsqu'on place la montre près de l'oreille.

Bien plus, on entend le bruit produit par le défilement des rouages !

Ces expériences peuvent être infiniment variées. Ainsi, on peut encore placer au lieu de la montre une petite cage en papier renfermant une mouche en vie. On entend, au téléphone récepteur, les moindres mouvements de la mouche, soit qu'elle marche, qu'elle vole, ou qu'elle gratte sa prison.

Le microphone de M. Hugues est encore à l'état rudimentaire ; mais, tel qu'il est, il est vraiment extraordinaire, en ce que, au rebours du téléphone qui transmet les sons en les diminuant, il les augmente.

On avait cherché l'explication de ce phénomène dans des propriétés particulières de certains corps pour la transmission des sons, analogues à celles du *Sélénium* pour la lumière ; M. Du Moncel voit là une erreur. Il explique le phénomène par les vibrations du crayon du charbon.

Cette science nouvelle, par ses applications, la science des plaques vibrantes, est certainement le point de départ d'une merveilleuse série d'inventions, surtout lorsqu'on voit avec quelle rapidité les perfectionnements sont apportés aux appareils déjà construits.

Où s'arrêtera le génie humain dans cette voie? Dieu seul le sait! comme dit le poëte :

« Il a donné à l'homme une tête superbe pour qu'il pût contempler le ciel. »

FIN.

TABLE

FIN DE LA TABLE.

Limoges. — Imp. E. Ardant et Cⁱᵉ.

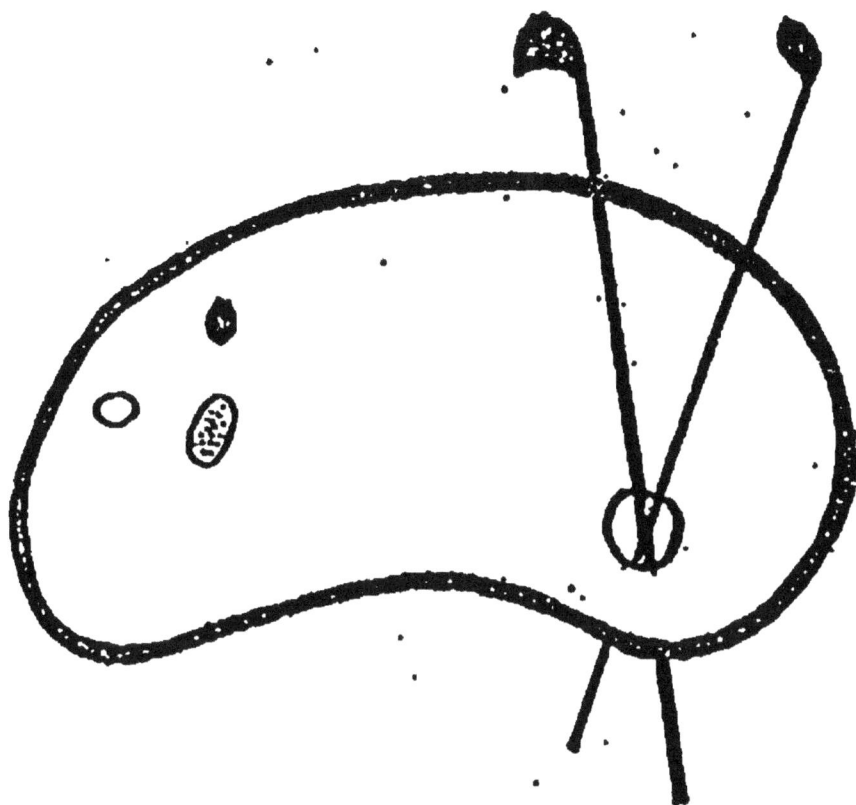

ORIGINAL EN COULEUR
NF Z 43-120-8

www.ingramcontent.com/pod-product-compliance
Lightning Source LLC
Chambersburg PA
CBHW071238200326
41521CB00009B/1534